FORSCHUNGSBERICHTE DES LANDES NORDRHEIN-WESTFALEN

Nr. 2461

Herausgegeben im Auftrage des Ministerpräsidenten Heinz Kühn
vom Minister für Wissenschaft und Forschung Johannes Rau

Direktor Dipl.-Ing. Hans Stüdemann
Dipl.-Ing. Hans Volkert Lange
Ing. (grad.) Ernst Lauterjung

Forschungsinstitut für Schneidwaren und Bestecke, Solingen

Einfluß der Wärmebehandlung auf Härte, Schneidverhalten und Korrosionsbeständigkeit von rostbeständigen Chromstählen mit verschiedenen Chrom- und Kohlenstoffgehalten

Westdeutscher Verlag 1974

© 1974 by Westdeutscher Verlag GmbH, Opladen
Gesamtherstellung: Westdeutscher Verlag

ISBN-13: 978-3-531-02461-5   e-ISBN-13: 978-3-322-88278-3
DOI: 10.1007/978-3-322-88278-3

1. Einleitung

Der Chromstahl X 40 Cr 13 (Werkstoff Nr. 4034) kommt bei der Herstellung von rostbeständigen Messerklingen zur Zeit am häufigsten
zur Anwendung, wenn auch der Chrom-Molybdän-Vanadium-Stahl X 48
CrMoV 15 aufgrund seiner besseren Korrosionsbeständigkeit unter
erhöhten korrosiv wirkenden Einflüssen (1) in letzter Zeit mehr
Eingang in der Schneidwarenindustrie gefunden hat. Die Umstellung
auf den Stahl X 48 CrMoV 15 wird jedoch noch längere Zeit in An-
spruch nehmen und auch nur zum Teil erfolgen, da die Korrosionsbeständigkeit des Chromstahls X 40 Cr 13 für viele Verwendungszwecke ausreicht. Die Gebrauchseigenschaften des Chromstahls
X 40 Cr 13 sind daher weiterhin von besonderem Interesse.

In den letzten Jahren ist der Kohlenstoff- und Chromgehalt des
Stahls X 40 Cr 13 - sofern es sich um seine Verwendung in der
Schneidwarenindustrie handelt - von ca. 0,40 % C auf ca. 0,50 % C
und von ca. 13 % Cr auf ca. 14 % Cr erhöht worden. Durch den höheren Kohlenstoffgehalt sollte erreicht werden, daß die Schneidhaltigkeit aufgrund der höheren Verschleißfestigkeit ansteigt,
während man von der Erhöhung des Chromgehaltes eine Verbesserung
der Korrosionsbeständigkeit erwartet bzw. eine durch den höheren
Kohlenstoffgehalt evtl. auftretende Verschlechterung der Korrosionsbeständigkeit wieder ausgleichen will.

Der vorliegende Forschungsbericht beschreibt Untersuchungen an
verschiedenen Chromstählen über den Einfluß des Kohlenstoff- und
Chromgehaltes wie auch der Wärmebehandlung auf Härte, Schneidhaltigkeit und Korrosionsbeständigkeit dieser Stähle. Zusätzlich
wurden Untersuchungen aus Korrosions-Wechseltauchversuchen, die
durch internationale Vereinbarungen zwecks Einführung einer
Europa-Norm festgelegt wurden, in diesen Forschungsbericht einbezogen.

2. Zusammensetzung der untersuchten Chromstähle

In der Tab. 1 wird die chemische Zusammensetzung der untersuchten
Stähle aufgeführt. Da der Silicium- und der Mangangehalt einen
untergeordneten Einfluß auf die zu untersuchenden Gebrauchseigenschaften haben, konnten einige Schwankungen dieser Beimengungen
hingenommen werden.

Die getroffene Auswahl der Chromstähle gestattet es, sowohl den
Einfluß des Kohlenstoffgehalts bei gleichem Chromgehalt (Tab. 1,
Nr. 3, 4, 5) als auch den Einfluß des Chromgehalts bei gleichem
Kohlenstoffgehalt (Tab. 1, Nr. 2, 3) auf Härte, Schneidhaltigkeit
und Korrosionsbeständigkeit zu überprüfen.

Ein Chromstahl mit einem Kohlenstoffgehalt von ca. 0,40 % C und
einem Chromgehalt von ca. 13 % Cr, wie er in der Schneidwarenindustrie noch vor kurzem zur Anwendung kam, wurde nicht mit in
die Untersuchungen aufgenommen, da dieser Stahl bereits in früheren Forschungsberichten ausführlich behandelt worden ist (2,3).

Lfd. Nr.	C %	Cr %	Si %	Mn %	Mo %	Ni %	V %
1	o,56	14,6	o,38	o,41	-	-	-
2	o,5o	14,9	o,28	o,38	o,o8	Spur	o,1o
3	o,5o	13,8	o,45	o,47	-	-	-
4	o,3o	13,7	o,34	o,35	Spur	Spur	o,1o
5	o,2o	13,7	o,45	o,61	-	-	-

Tab. 1 Zusammensetzung der bei den Versuchen eingesetzten Chromstähle

3. Härte der Stähle in Abhängigkeit von ihrer Wärmebehandlung

3.1 Härte nach dem Härten - ohne Anlassen

Die Versuchsproben wurden in einem Kammerofen auf Härtetemperatur erwärmt und nach der Erwärmungs- plus Haltezeit in Oel abgeschreckt. Nach dem Härten erfolgte die Beseitigung der abgekohlten Oberflächenschicht durch Naßschleifen. Die fertiggestellten Versuchsproben hatten die Abmessungen 2 x 10 x 70 mm.

Die Härtemessung erfolgte nach Vickers, da hier gegenüber der Rockwellhärtemessung eine genauere Bestimmung der Härtewerte möglich ist. An jeder Versuchsprobe wurde die Härte an fünf Stellen unter Verwendung einer Prüflast von 150 kp bestimmt. Die Vickershärten HV 150 wurden in Rockwellwerte (HRC) umgerechnet, da in der Schneidwarenindustrie die Härteangabe in Rockwell weit verbreitet ist. Jede Wärmebehandlung erfolgte gleichzeitig an fünf Versuchsproben, so daß die in den Abbildungen eingetragenen Härten Mittelwerte darstellen, die sich aus insgesamt 25 Härtemessungen ergaben.

In der Abb. 1 sind die Härte-Härtetemperaturkurven der fünf untersuchten Chromstähle dargestellt. Die Erwärmungs- plus Haltezeit betrug bei den verschiedenen Härtetemperaturen 18 min. Der bei allen fünf Chromstählen zu beobachtende Härteanstieg mit höher werdender Härtetemperatur beruht darauf, daß mit steigender Temperatur die Auflösung der Chromkarbide zunimmt und dadurch eine wachsende Kohlenstoffmenge in der Grundmasse gelöst wird. Dieser Vorgang des Härteanstiegs mit wachsender Rückführung des Kohlenstoffs in die Grundmasse ist bei Härtetemperaturen um etwa 1050°C abgeschlossen und wird sogar mit weiter ansteigender Härtetemperatur - vor allem bei hochkohlenstoffhaltigen Chromstählen - wieder rückläufig, d. h. bei Härtetemperaturen über ca. 1050°C verringert sich die Härteannahme. Diese Erscheinung ist darauf zurückzuführen, daß bei der Auflösung der Chromcarbide neben dem Kohlenstoffgehalt auch der Chromgehalt der Grundmasse zunimmt. Beide Elemente aber, sowohl Kohlenstoff als auch Chrom, verursachen mit steigenden Gehalten eine stetige Verschiebung des Mf-Punktes (Temperatur des Endes der Martensitbildung) zu tieferen Temperaturen. Die Härtung selbst, d. h. die Bildung des Martensits, ist daher mit wachsender Auflösung der Chromkarbide erst bei tieferen Temperaturen abgeschlossen. Liegt dabei der Mf-Punkt unter der Temperatur des Ablöschmittels, so kommt die Martensitbildung nicht mehr zum Abschluß, wodurch ein bestimmter Anteil an Austenit (Restaustenit) erhalten bleibt. Dieser Restaustenit kann als weicher Gefügebestandteil die Gesamthärte des Werkstoffs vermindern.

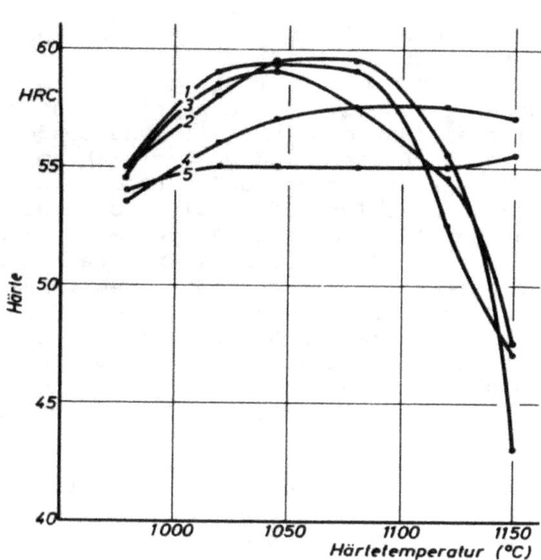

Abb. 1   Härte-Härtetemperaturkurven verschiedener Chromstähle
Erwärmungs- plus Haltezeit beim Härten 18 min, abschrecken in Oel

Stahl Nr.	C %	Cr %	Si %
1	o,56	14,6	o,38
2	o,5o	14,9	o,28
3	o,5o	13,8	o,45
4	o,3o	13,7	o,34
5	o,2o	13,7	o,45

Beide Vorgänge, die Härtezunahme mit wachsender Kohlenstofflösung
und die Erhöhung der Restaustenitmenge mit wachsender Kohlenstoff-
und Chromlösung überschneiden sich gegenseitig, so daß die in der
Abb. 1 wiedergegebenen Härte-Härtetemperaturkurven entstehen. Dabei ist zu berücksichtigen, daß der Restaustenit erst dann im Ge-
füge auftritt, wenn durch eine entsprechende Kohlenstoff- und
Chromlösung der Mf-Punkt unter die Temperatur des Ablöschmittels
zu liegen kommt.

Bei einem niedrigkohlenstoffhaltigen Chromstahl, wie z. B. dem
X 20 Cr 13 mit ca. o,2o % C, ist der größte Teil der Chromkarbide
bereits bei einer niedrigeren Temperatur, und zwar bei ca. 1020°C
in Lösung gegangen, so daß bereits bei dieser Temperatur die Härte-Härtetemperaturkurve ihr Maximum erreicht (Abb. 1, Nr. 5), während die höherkohlenstoffhaltigen Chromstähle infolge der größeren Karbidmenge erst bei höheren Temperaturen ihr Härtemaximum
aufweisen. Nachdem bei den Chromstählen mit o,2o % C und o,3o % C
das Härtemaximum erreicht ist, fallen die Härtewerte bei höheren
Temperaturen nur geringfügig ab (Abb. 1, Nr. 4, 5). Vergleicht
man die Härte-Härtetemperaturkurven dieser Chromstähle mit der
Härte-Härtetemperaturkurve eines Chromstahls mit gleichem Chromgehalt aber einem höheren Kohlenstoffgehalt von o,5o % C (Abb. 1,
Nr. 3) so ist festzustellen, daß die Härte nach dem Überschreiten
des Härtemaximums bei dem Chromstahl mit o,5o % C weitaus steiler

abfällt als bei den Chromstählen mit o,2o % C und o,3o % C. Aus
einem früheren Forschungsbericht (2) ergibt sich, daß bei einem
Chromstahl mit ca. o,4o % C die Härtewerte nach dem Überschreiten der Härtetemperatur von ca. 1050°C ebenfalls stark abfallen, jedoch ist hier die Härteabnahme mit zunehmender Härtetemperatur nicht mehr so groß wie bei dem Chromstahl mit o,5o % C.
Somit kann allgemein gesagt werden, daß nach dem Überschreiten
einer unteren Grenze des Kohlenstoffgehalts von etwa o,3o % C
mit zunehmendem Kohlenstoffgehalt die Härte-Härtetemperaturkurven nach dem Überschreiten des Härtemaximums steiler abfallen.
Daraus ergibt sich weiterhin, daß gegenüber dem in der Grundmasse vorhandenen freien Chrom der freie, in der Grundmasse gelöste Kohlenstoff einen weitaus stärkeren Einfluß auf die Verschiebung des Mf-Punktes zu niedrigeren Temperaturen hat und
daß dadurch eine erhöhte Restaustenitmenge verursacht wird, so
daß die Härte des Chromstahls bei hohen Härtetemperaturen über
ca. 1050°C stark abfällt.

Bei Härtetemperaturen, die unterhalb der Temperatur liegen, die
zum Härtemaximum führen, verursacht eine Zunahme des Kohlenstoffgehalts eine Erhöhung der Härteannahme (Abb. 1). Bei einer
Erhöhung des Kohlenstoffgehalts von o,5o % C auf o,56 % C
steigt bereits die Härteannahme um fast 1 HRC (Abb. 1, Nr. 1).
Das Härtemaximum liegt bei den Chromstählen mit o,5o % C bis
o,56 % C praktisch unabhängig vom Chomgehalt bei etwa 59 HRC.

Die beiden Chromstähle Nr. 2 und Nr. 3 haben nach Tab. 1 bei
gleichem Kohlenstoffgehalt unterschiedliche Chrom-, Silicium-
und Mangangehalte. Aus der Abb. 1 ist zu ersehen, daß der
Chromstahl Nr. 3 niedrigere Härtewerte aufweist als der Chromstahl Nr. 2. Aufgrund früherer Untersuchungen (2) beruht diese
verminderte Härteannahme auf dem höheren Siliciumgehalt des
Chromstahls Nr. 3 gegenüber dem des Chromstahls Nr. 2.

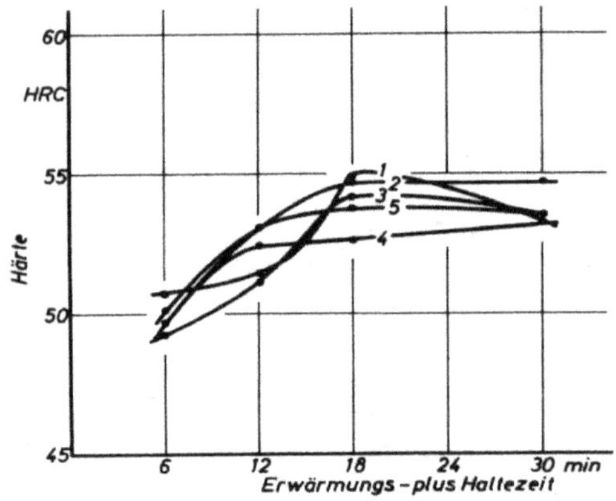

Abb. 2 Abhängigkeit der Härte von der Erwärmungs- plus Halte-
        zeit bei der Härtetemperatur von 980°C für verschiede-
        ne Chromstähle (Zusammensetzung der Stähle Nr. 1 bis 5
        entsprechend Tab. 1)

Da die Härtbarkeit des Stahls in erster Linie von dem Vorhanden-
sein freien Kohlenstoffs im γ-Gefüge abhängig ist, wird die erreichbare Härte von der Auflösung der Karbide wesentlich bestimmt.

Daher hat neben der Temperatur auch die Haltezeit einen Einfluß auf die Härteannahme. Bei den Versuchen wurde - wie auch
bei den bereits besprochenen Untersuchungen - die Gesamtdauer
des Erwärmens und Haltens auf Temperatur zugrunde gelegt.

In der Abb. 2 ist die Härte in Abhängigkeit von der Erwärmungs-
plus Haltezeit bei der Temperatur von 980°C aufgetragen. Die
Härte steigt bis zu einer Erwärmungs- plus Haltezeit von ca.
18 min an, da mehr Kohlenstoff in der Grundmasse gelöst wird.
Bei der Erwärmungs- plus Haltezeit von 18 bis 3o min stellt
sich ein Gleichgewicht zwischen dem Härteanstieg durch vermehr-
te Kohlenstofflösung und dem Härteabfall durch eine erhöhte
Restaustenitmenge ein, so daß in diesem Bereich der Erwärmungs-
plus Haltezeit die ermittelten Härten eine gleichbleibende Abhängigkeit von der Erwärmungs- plus Haltezeit zeigen.

Bei der höheren Härtetemperatur von 1045°C wird der Gleichge-
wichtszustand bereits bei einer Erwärmungs- plus Haltezeit von
ca. 12 min erreicht, da hier durch die erhöhte Temperatur die
Karbidauflösung schneller erfolgen kann (Abb. 3).

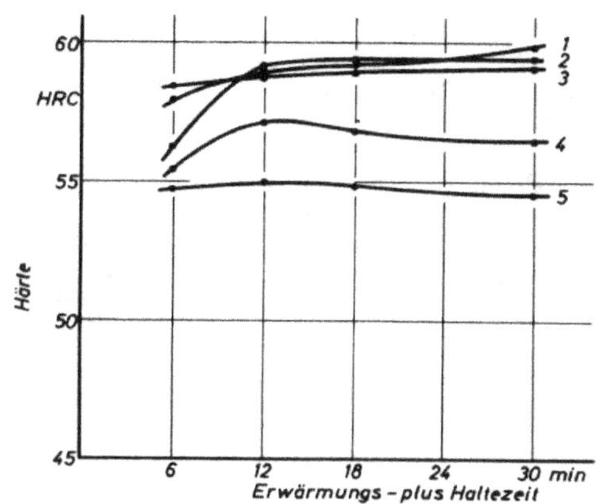

Abb. 3   Abhängigkeit der Härte von der Erwärmungs- plus Haltezeit bei der Härtetemperatur von 1045°C für verschie-
dene Chromstähle (Zusammensetzung der Stähle Nr. 1 bis
5 entsprechend Tab. 1)

Eine weitere Erhöhung der Härtetemperatur auf 1120°C ergibt bei
den verschiedenen Chromstählen eine unterschiedliche Abhängigkeit der Härte von der Erwärmungs- plus Haltezeit (Abb. 4). Zunächst führt die Erhöhung der Erwärmungs- plus Haltezeit von
6 min auf 18 min bei den meisten untersuchten Chromstählen zu
einer Verminderung der Härte. Hier ist die Karbidauflösung so
weit fortgeschritten, daß der Härteabfall durch die erhöhte
Restaustenitmenge gegenüber dem Härteanstieg durch die größere
gelöste Kohlenstoffmenge überwiegt. Der daraus resultierende
Härteabfall bei einer Erhöhung der Erwärmungs- plus Haltezeit
von 6 min auf 18 min ist besonders bei dem Chromstahl mit dem
höchsten Kohlenstoffgehalt von o,56 % C festzustellen (Abb. 4,
Nr. 1).

Bei der Härtetemperatur von 1120°C zeigen einige der untersuchten Chromstähle nach dem Härteabfall bis zu der Erwärmungs-
plus Haltezeit von 18 min bei einer weiteren Erhöhung der

Erwärmungs- plus Haltezeit einen Wiederanstieg der Härte
(Abb. 4, Nr. 1, 3 und 4).

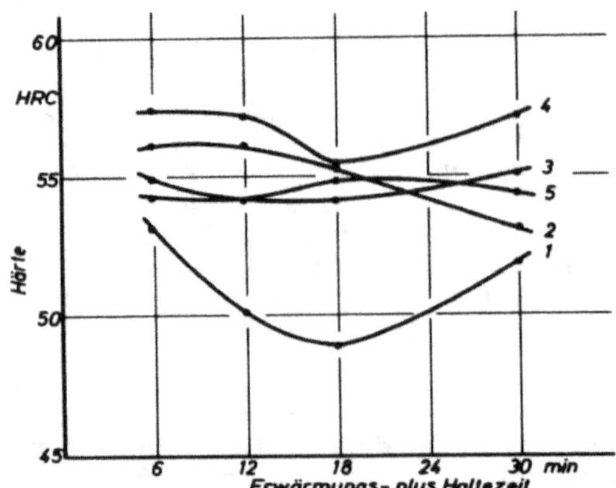

Abb. 4   Abhängigkeit der Härte von der Erwärmungs- plus Halte-
         zeit bei der Härtetemperatur von 1120°C für verschie-
         dene Chromstähle (Zusammensetzung der Stähle Nr. 1
         bis 5 entsprechend Tab. 1).

Diese Erscheinung wurde bereits bei früheren Untersuchungen (2)
festgestellt, jedoch wurde die Ursache nicht weiter diskutiert.
Die Untersuchung dieses Problems ist auch für die Praxis nicht
von so ausschlaggebender Bedeutung, da bei dieser Wärmebehandlung starke Überhitzungserscheinungen (Kornvergröberungen) auf-
treten, so daß die hohe Härtetemperatur von 1120°C nach Mög-
lichkeit vermieden werden sollte.

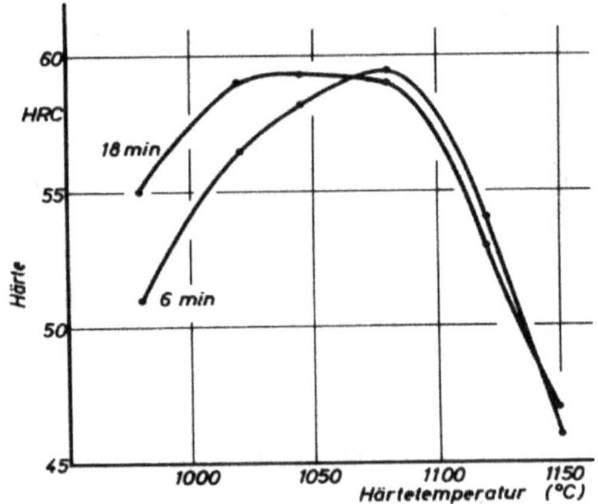

Abb. 5   Einfluß der Erwärmungs- plus Haltezeit auf die Lage
         der Härte-Härtetemperaturkurve (Stahlzusammensetzung
         entsprechend Tab. 1, Nr. 1) eines Chromstahles mit
         0,56 % C

Wie umseitig ausgeführt wurde, hat neben dem Kohlenstoffgehalt
und der Härtetemperatur auch die Haltezeit einen Einfluß auf
die Härte des Chromstahls. Bei den Härte-Härtetemperaturkurven
macht sich der Einfluß der Haltezeit dahingehend bemerkbar,
daß mit steigender Erwärmungs- plus Haltezeit die Härte-Härtetemperaturkurven zu niedrigeren Härtetemperaturen verschoben
werden (Abb. 5). Somit kann eine zu geringe Karbidauflösung,
die durch Anwendung einer zu niedrigen Härtetemperatur entsteht, mit Hilfe einer längeren Haltezeit teilweise ausgegli-
chen werden, d. h., durch eine längere Erwärmungs- plus Haltezeit wird bei niedrigen Härtetemperaturen die Härte erhöht.
Umgekehrt ist es bei hohen Härtetemperaturen. Hier verursachen
lange Haltezeiten durch die verstärkte Karbidauflösung niedrigere Härten als bei kurzen Haltezeiten (Abb. 5).

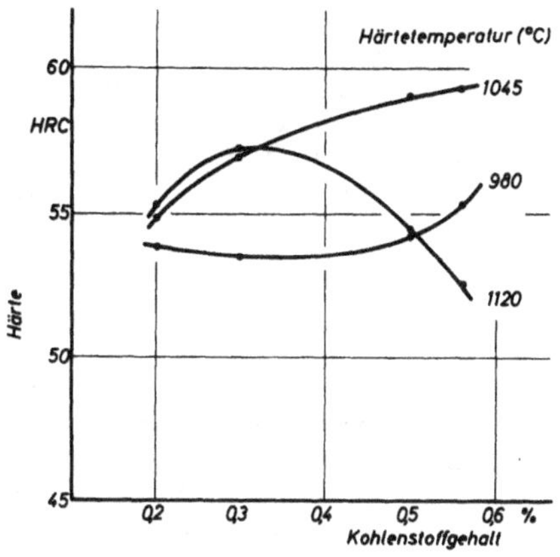

Abb. 6 Abhängigkeit der Härte des Chromstahls vom Kohlenstoff-
        gehalt bei verschiedenen Härtetemperaturen, Erwärmungs-
        plus Haltezeit beim Härten 18 min, abschrecken in Oel

Anhand der Abb. 6 soll der Einfluß des Kohlenstoffgehalts auf
die Härte von Chromstahl bei verschiedenen Härtetemperaturen
herausgestellt werden. Bei der Härtetemperatur von 980°C wird
bei Kohlenstoffgehalten von o,2o % C bis o,5o % C eine Härte
von nur ca. 54 HRC erreicht. Eine Erhöhung des Kohlenstoffgehalts auf o,56 % C führt zu einer Härtezunahme von ca. 1 HRC.
Obwohl der Kohlenstoffgehalt von o,5o % C für das Härten ausreicht, erfolgt bei der niedrigen Härtetemperatur von 980°C
eine nur unzureichende Karbidauflösung, so daß die Härte ca.
54 HRC nicht übersteigt.

Bei der Härtetemperatur von 1045°C und der Erwärmungs- plus Haltezeit von 18 min zeigt sich mit wachsendem Kohlenstoffgehalt
eine stetige Zunahme der Härte (Abb. 6), d. h., bei dieser Wärmebehandlung werden die Karbide so weit aufgelöst, daß die Härtezunahme durch die gelöste Kohlenstoffmenge mit ansteigendem
Kohlenstoffgehalt größer wird als die Härteabnahme durch die
zunehmende Restaustenitmenge und daß damit die resultierende
Gesamthärte des Chromstahls mit dem Kohlenstoffgehalt ansteigt.

Wird dagegen die noch höhere Härtetemperatur von 1120°C angewandt, so zeigt sich bei einer Erhöhung des Kohlenstoffgehalts
von o,20 % C auf o,30 % C eine Zunahme der Härte von ca. 55 HRC

auf ca. 57 HRC. Bei weiterer Erhöhung des Kohlenstoffgehalts
auf o,56 % C fällt die Härte auf ca. 52 HRC ab. Daraus ist zu
ersehen, daß bei hohen Härtetemperaturen um ca. 1120°C und bei
Kohlenstoffgehalten über ca. o,3o % C die Karbidauflösung so
stark fortgeschritten ist, daß vor allem durch die verstärkte
Lösung des Kohlenstoffs die Restaustenitmenge stark zunimmt
und sich dadurch die Härte vermindert.

Aufgrund früherer Untersuchungen (2,4) und in Verbindung mit
den hier aufgeführten Versuchsergebnissen, zeigt sich, daß bei
Chromstählen eine Härtetemperatur von ca. 1050°C zu einer erreichbaren optimalen Härte führt. Bei den untersuchten Versuchsproben der Abmessungen 2 x lo x 7o mm ist eine Erwärmungs-
plus Haltezeit von 12 min bis 18 min ausreichend. Da jedoch die
erforderliche Erwärmungs- plus Haltezeit von dem Querschnitt
der zu härtenden Werkstücke abhängt, weil bei größeren Werk-
stücken die Erwärmungszeit für das Erreichen der Härtetemperatur zunimmt und daher die gesamte Erwärmungs- plus Haltezeit
erhöht werden muß, um eine ausreichende Haltezeit zu gewähr-
leisten, können hier keine verbindlichen Aussagen über die
zweckmäßig anzuwendende Erwärmungs- plus Haltezeit gemacht werden, sofern die Querschnitte wesentlich von der Wandstärke
2 mm abweichen.

3.2 Härte nach dem Härten und Anlassen

Da nach den bereits besprochenen Versuchsergebnissen die Härtetemperatur von 1045°C und die Erwärmungs- plus Haltezeit von
18 min bei den untersuchten Chromstahlproben die höchste Härte
von ca. 59 HRC ergaben, wurde diese Art der Härtung bei den
nachfolgenden unterschiedlichen Anlaßbehandlungen zugrunde
gelegt.

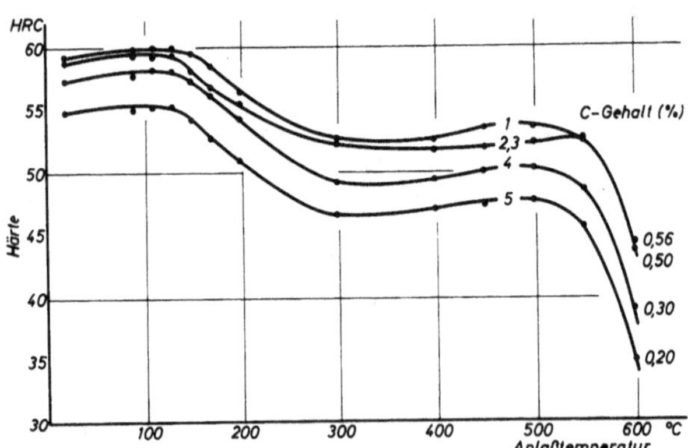

Abb. 7 Härte-Anlaßtemperaturen von Chromstählen mit unter-
        schiedlichem Kohlenstoffgehalt (Stahlzusammensetzung
        entsprechend Tab. 1, Nr. 1 bis 5)
        Härten: 1045°C, Erwärmungs- plus Haltezeit 18 min,
            abschrecken in Oel
        Anlaßzeit: 15 min

Die Härte-Anlaßtemperaturen der fünf untersuchten Chromstähle
sind in der Abb. 7 wiedergegeben. Die Anlaßzeit betrug bei diesen Versuchen 15 min. Die Härte-Anlaßtemperaturkurven zeigen
unabhängig von dem Kohlenstoffgehalt der Chromstähle grundsätzlich den gleichen Verlauf, der auch bei früheren Untersuchungen
über das Anlaßverhalten des Chromstahls X 40 Cr 13 festgestellt
wurde (3). Der geringfügige Härteanstieg des Stahls bei der Anlaßtemperatur von ca. 100°C gegenüber dem nicht angelassenen
Stahl ist nicht auf Gefügeumwandlungen zurückzuführen, sondern
beruht auf einer Verminderung der vom Härten herrührenden
Eigenspannungen im Werkstoff und evtl. auf Verringerung von
Rißkeimausbildung. Bei Anlaßtemperaturen um 200°C setzt der
Martensitzerfall ein, wodurch ein starker Härteabfall entsteht.
Die hohen Anlaßtemperaturen um 500° führen auf den Gleitebenen
der Kristalle zur Ausscheidung feinverteilter Legierungskarbide, wodurch der Bewegung auf diesen Gleitebenen ein größerer
Widerstand entgegengesetzt wird. Weiterhin verursachen die aus-
geschiedenen Legierungskarbide bei der Abkühlung von der Anlaßtemperatur eine Restaustenitumwandlung. Beide Vorgänge - die
Ausscheidung feinverteilter Legierungskarbide und die Restaustenitumwandlung - führen bei der Anlaßtemperatur um 500°C
mit nachfolgender Abkühlung auf Raumtemperatur zu einem gering-
fügigen Härteanstieg. Bei Anlaßtemperaturen über 500°C kommt
es zur Bildung gröberer Karbide, die den Bewegungen auf den
Gleitebenen einen weitaus geringeren Widerstand entgegensetzen,
so daß der Werkstoff leichter fließen kann und sich damit auch
eine geringere Härte ergibt.

Weiterhin ist aus der Abb. 7 zu ersehen, daß sich die Härte-
Anlaßtemperaturkurven mit zunehmendem Kohlenstoffgehalt zu
höheren Härtewerten verschieben, d. h., die beim Härten er-
reichte höhere Härteabnahme mit zunehmendem Kohlenstoffgehalt
äußert sich erwartungsgemäß auch nach der Anlaßbehandlung.

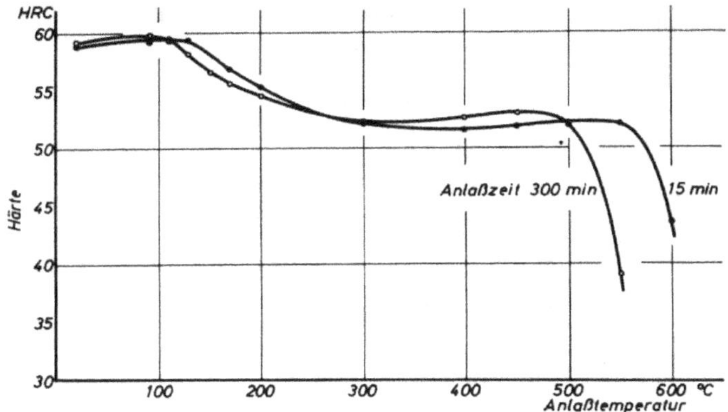

Abb. 8   Einfluß der Anlaßzeit auf die Härte-Anlaßtemperaturkurve eines Chromstahls mit o,56 % C (Stahlzusammensetzung entsprechend Tab. 1, Nr. 1)
Härten: 1045°C, Erwärmungs- plus Haltezeit 18 min,
abschrecken in Oel

Die Abb. 8 zeigt den Einfluß der Anlaßzeit auf die Härte-Anlaßtemperaturkurve eines Chromstahls mit o,56 % C. Die gegenüber

der Anlaßzeit von 15 min erhöhte Anlaßzeit von 3oo min wirkt
sich auf die bereits besprochenen, bei der Anlaßbehandlung auftretenden Veränderungen im Werkstoff fördernd aus. Daher verschieben sich die Härte-Anlaßtemperaturkurven mit steigender Anlaßzeit
zu niedrigeren Anlaßtemperaturen, d. h., die beiden Härtemaxima
treten bereits bei niedrigeren Anlaßtemperaturen auf und der stei-
le Abfall der Härte beginnt schon bei ca. 500°C.

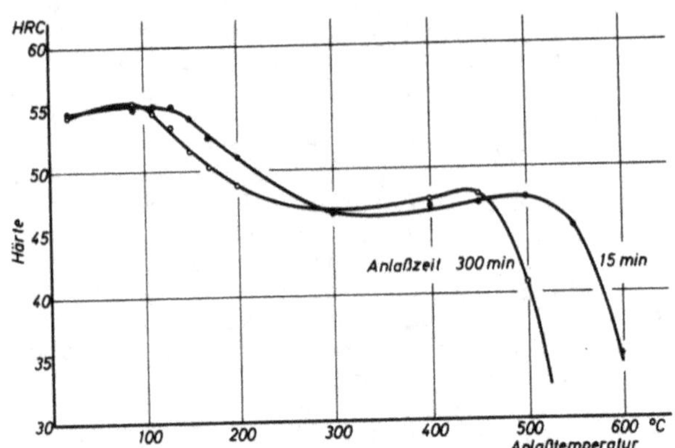

Abb. 9 Einfluß der Anlaßzeit auf die Härte-Anlaßtemperaturkurve
eines Chromstahls mit o,2o % C (Stahlzusammensetzung
entsprechend Tab. 1, Nr. 5)
Härten: 1045°C, Erwärmungs- plus Haltezeit 18 min,
abschrecken in Oel

Aus der Abb. 9 ist der Einfluß der Anlaßzeit auf die Härte-Anlaßtemperaturkurve bei einem Chromstahl mit o,2o % C zu ersehen.
Bei dem niedrigkohlenstoffhaltigen Chromstahl zeigt sich grundsätzlich der gleiche Einfluß der Anlaßzeit auf die Anlaßhärte
wie bei dem hochkohlenstoffhaltigen Chromstahl. Es ist jedoch
festzustellen, daß sich die Verschiebung der Härte-Anlaßtemperaturkurven zu niedrigeren Anlaßtemperaturen mit steigender
Anlaßzeit etwas stärker bemerkbar macht, wenn der Kohlenstoffgehalt im Chromstahl abnimmt.

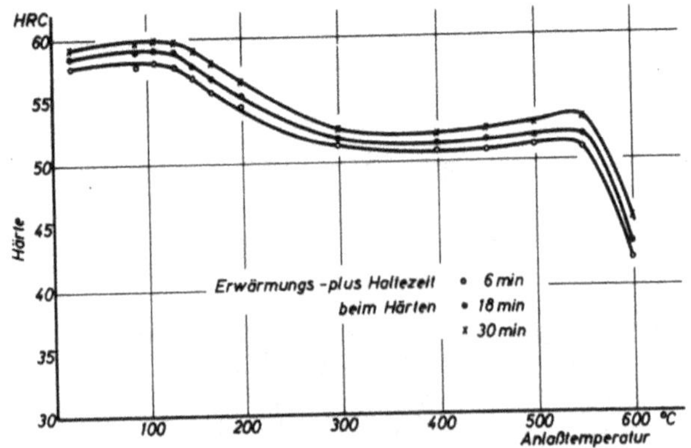

Abb. 10 Einfluß der Erwärmungs- plus Haltezeit beim Härten auf
die Härte-Anlaßtemperaturkurve bei einem Chromstahl mit
o,56 % C (Stahlzusammensetzung entsprechend Tab. 1,Nr.1)
Härten: 1045°C, abschrecken in Oel, Anlaßzeit: 15 min

Bei den weiteren Untersuchungen sollte geklärt werden, welchen
Einfluß die Erwärmungs- plus Haltezeit beim Härten auf die
Härte nach dem Anlassen hat. Bei einem Chromstahl mit o,56 % C
ergab sich mit zunehmender Erwärmungs- plus Haltezeit eine Erhöhung der Härte nach allen untersuchten Anlaßtemperaturen
(Abb. 10). Dabei führte eine Erhöhung der Erwärmungs- plus Haltezeit von 6 min auf 18 min und von 18 min auf 3o min jeweils
zu einer Härtezunahme um ca. 1 HRC. Dagegen verursachte bei
einem Chromstahl mit o,5o % C die Erhöhung der Erwärmungs- plus
Haltezeit von 6 min auf 18 min eine Härtezunahme von ca. 2 HRC,
während durch eine weitere Erhöhung der Erwärmungs- plus Haltezeit auf 3o min nur eine unbedeutende Härtezunahme erreicht
werden konnte (Abb. 11).

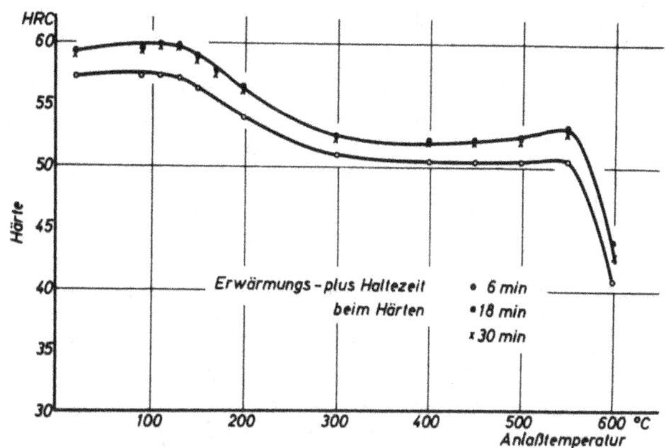

Abb. 11   Einfluß der Erwärmungs- plus Haltezeit beim Härten
          auf die Härte-Anlaßtemperaturkurve bei einem Chrom-
          stahl mit o,5o % C (Stahlzusammensetzung entspre-
          chend Tab. 1, Nr. 3)
          Härten: 1045°C, abschrecken in Oel
          Anlaßzeit: 15 min

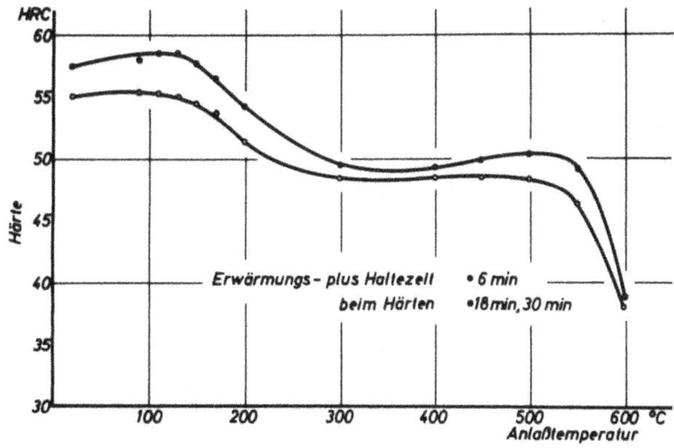

Abb. 12   Einfluß der Erwärmungs- plus Haltezeit beim Härten
          auf die Härte-Anlaßtemperaturkurve bei einem Chrom-
          stahl mit o,3o % C (Stahlzusammensetzung entspre-
          chend Tab. 1, Nr. 4)
          Härten: 1045°C, abschrecken in Oel
          Anlaßzeit: 15 min

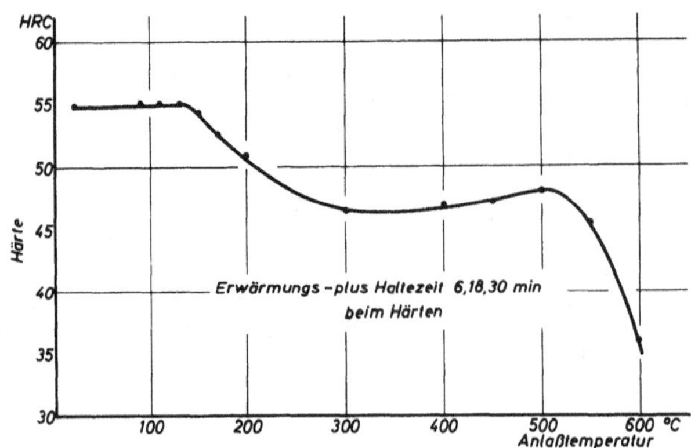

Abb. 13 Einfluß der Erwärmungs- plus Haltezeit beim Härten
auf die Härte-Anlaßtemperaturkurve bei einem Chrom-
stahl mit o,2o % C (Stahlzusammensetzung entsprechend
Tab. 1, Nr. 5)
Härten: 1045°C, abschrecken in Oel
Anlaßzeit: 15 min

Bei einem Kohlenstoffgehalt von o,3o % C hat die Erhöhung der
Erwärmungs- plus Haltezeit etwa den gleichen Einfluß auf die
Härte wie bei dem Chromstahl mit o,5o % C, nur verursacht hier
die Erhöhung der Erwärmungs- plus Haltezeit von 18 min auf
3o min keine weitere Härtezunahme, so daß beide Haltezeiten die
gleiche Härte-Anlaßtemperaturkurve zur Folge haben (Abb. 12).
Wird der Kohlenstoffgehalt des Chromstahls auf o,2o % C vermindert, so hat die Erhöhung der Erwärmungs- plus Haltezeit beim
Härten von 6 min auf 3o min keinen Einfluß auf die Härte nach
dem Anlassen (Abb. 13), so daß sich die Härte-Anlaßtemperaturkurven bei den verschiedenen Haltezeiten überdecken.

Der Einfluß der Erwärmungs- plus Haltezeit beim Härten auf die
Härte nach dem Anlassen kann dahingehend zusammengefaßt werden,
daß mit zunehmendem Kohlenstoffgehalt des Chromstahls die Haltezeit einen immer größer werdenden Einfluß auf die Anlaßhärte
ausübt, bis bei einem Kohlenstoffgehalt von o,56 % C in dem Er-
wärmungs- plus Haltezeitbereich von ca. 6 min bis 3o min eine
Erhöhung der Haltezeit um ca. 12 min einen Härteanstieg von ca.
1 HRC verursacht.

4. Schneidhaltigkeit und Korrosionsbeständigkeit in Abhängig-
    keit von der Wärmebehandlung

4.1 Schneidhaltigkeit

Da der Chromstahl - vor allem der Chromstahl X 4o Cr 13 - in
großem Umfang zur Herstellung von Messerklingen gebraucht wird,
wurde die Schneidhaltigkeit dieses Stahls sowohl in Abhängigkeit
von der Wärmebehandlung als auch in Abhängigkeit von dem Kohlenstoffgehalt ermittelt.

Da sich die Prüfung der Schneideigenschaften von Messerklingen
auf dem Schneidenprüfgerät nach Knapp (5) am Forschungsinstitut
für Schneidwaren bewährt hat, wurden auch die hier zu besprechenden Untersuchungen auf diesem Gerät durchgeführt. Die zu prüfende

Klinge wird mit der Schneide nach oben auf einem Schlitten ein-
gespannt, der durch einen Kurbeltrieb hin- und herbewegt wird.
Ein aus zwanzig Lagen bestehendes Paket von Kartonstreifen, das
insgesamt einen Querschnitt von o,5 cm^2 (Breite 1 cm, Höhe o,5 cm)
hat, wird auf die Schneide gedrückt. Die Schnittkraft wird hier-
bei durch Auflegen von Gewichten eingestellt. Es wird nun geprüft, wieviel Schneidhübe für das Durchschneiden der zwanzig
übereinander liegenden Kartonstreifen erforderlich sind. Aus der
Zahl dieser erforderlichen Schneidhübe in Abhängigkeit von der
Anzahl der durchschnittenen Kartonquerschnitte von o,5 cm^2 ergibt sich in Relation zu den Ergebnissen, die an anderen Messern
ermittelt wurden, die Schneidfähigkeit und die Schneidhaltigkeit
des zu prüfenden Messers. Die Schneidhaltigkeit ergibt sich aus
der Verminderung der Schneidfähigkeit mit zunehmender Zahl der
durchschnittenen Kartonquerschnitte.

Aus Ergebnissen früherer Versuche am Forschungsinstitut für
Schneidwaren über den Einfluß der Prüfbedingungen auf die Ergebnisse von Schneideigenschaftsprüfungen (6) geht hervor, daß bei
einer Erhöhung der mittleren Schnittgeschwindigkeit von 1,2 m/min
auf 3,6 m/min die Unterschiede zwischen den Ergebnissen der
Schneideigenschaftsprüfung an gleichen Messern größer werden,
d. h., die Empfindlichkeit des Prüfverfahrens zunimmt. Bei einer
höheren mittleren Schnittgeschwindigkeit von 7,2 m/min verringert sich die Empfindlichkeit wieder etwas. Unter Berücksichti-
gung dieser Erkenntnisse wurde bei den hier zu besprechenden
Schneidprüfungen ein Schneidenhub von 5o mm und eine Hubzahl
von 5o min^{-1} eingestellt, so daß sich eine mittlere Schnittgeschwindigkeit von 5 m/min ergab.

Neben der mittleren Schnittgeschwindigkeit hat auch die Schnittkraft einen Einfluß auf die Empfindlichkeit der Schneidprüfung.
Obwohl bei einer niedrigeren Schnittkraft die Versuchsdauer ansteigt, da zum Durchschneiden der Kartonstreifen eine höhere
Schnittzahl erforderlich wird und die mittlere Schnittgeschwindigkeit von 5 m/min wegen der Verminderung der Empfindlichkeit
des Verfahrens möglichst nicht überschritten werden sollte, wurde eine Schnittkraft von nur 2 kp gewählt, da aufgrund der früheren Untersuchungen die Empfindlichkeit der Schneidprüfung mit
abnehmender Schnittkraft zunimmt (6). Bei einer mittleren Schnittkraft von 2 kp kann die Empfindlichkeit des angewandten Verfahrens als für die durchzuführenden Versuche ausreichend betrachtet
werden.

Für die hier zu besprechenden Schneidprüfungen wurden die Chromstahlproben der Abmessungen 2 x 10 x 70 mm einseitig mit einem
Winkel von 30° angeschliffen. Aufgrund des gleichen Anschliffs
hatten alle Versuchsproben nahezu die gleiche Anfangsschneidfä-
higkeit, so daß die für das Durchschneiden eines Kartonquer-
schnitts erforderlichen Schneidhübe bei einer bestimmten Anzahl
durchschnittener Kartonquerschnitte als Maß für die Schneidhaltigkeit gelten können. Bei den Versuchen wurde als Maß für die
Schneidhaltigkeit die für das Durchschneiden des 150. Karton-
querschnitts erforderliche Hubzahl zugrunde gelegt. Da bei dieser
Art der Auswertung eine große Zahl einer schlechten Schneidhaltigkeit entspricht, wurde die Hubzahl von der Zahl loo abgezogen.
Die dabei gewonnene Differenz loo - H_{15o} stellt somit eine Kenn-
größe für die Schneidhaltigkeit dar, wobei große Werte einer
guten und niedrigere Werte einer schlechten Schneidhaltigkeit
entsprechen.

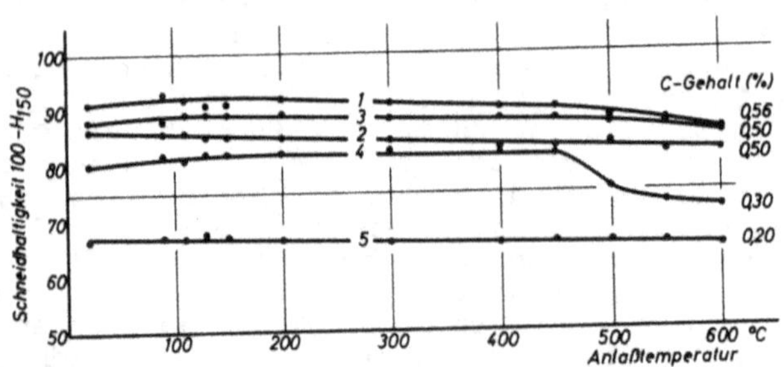

Abb. 14 Schneidhaltigkeit in Abhängigkeit von der Anlaßtempe-
         ratur bei Chromstählen mit unterschiedlichem Kohlen-
         stoffgehalt (Stahlzusammensetzung entsprechend Tab. 1,
         Nr. 1 bis 5)
         Härten: 1045°C, Erwärmungs- plus Haltezeit 18 min
                  abschrecken in Oel
         Anlaßzeit: 15 min

In der Abb. 14 ist die Schneidhaltigkeit von Chromstahl bei verschiedenen Kohlenstoffgehalten in Abhängigkeit von der Anlaßtemperatur aufgetragen. Das Härten der Chromstahlproben für die
Schneidprüfung erfolgte bei 1045°C und einer Erwärmungs- plus
Haltezeit von 18 min. Als Abschreckmittel wurde Oel benutzt.
Aus der Abb. 14 ist zu ersehen, daß in dem Anlaßtemperaturbe-
reich von 20°C bis 450°C die Anlaßtemperatur nahezu keinen Einfluß auf die Schneidhaltigkeit der Chromstähle ausübt. Bei Anlaßtemperaturen über ca. 450°C entsteht bei einigen Chromstählen ein meist geringfügiger Abfall der Schneidhaltigkeit. Weiterhin ergibt sich aus der Abb. 14, daß mit zunehmendem Kohlenstoffgehalt von o,2o % C bis o,56 % C die Schneidhaltigkeit ansteigt. Vor allem die Erhöhung des Kohlenstoffgehalts von
o,2o % C auf o,3o % C führt zu einer bedeutenden Verbesserung
der Schneidhaltigkeit, während sich eine weitere Erhöhung des
Kohlenstoffgehalts von o,3o % C auf o,56 % C demgegenüber weniger in einer Verbesserung der Schneidhaltigkeit niederschlägt.

Ebenso wie bei den anderen Meßpunkten ergab sich die Schneidhaltigkeit des Stahls mit o,3o % C nach den Anlaßtemperaturen
von 50Q°C bis 600°C aus mehreren Messungen. Die Ursache für die
dabei festgestellte stärkere Verminderung der Schneidhaltigkeit
wurde nicht näher untersucht. Bezüglich des abweichenden Verhaltens des Stahls mit o,3o % C gegenüber den anderen Chromstählen wird auf Kap. 4.2 verwiesen.

Wird die Anlaßzeit von 15 min auf 3oo min erhöht, so wirkt sich
dies nur bei höheren Anlaßtemperaturen auf die Schneidhaltigkeit
aus (Abb. 15). Bei hochkohlenstoffhaltigen Chromstählen verursacht die Erhöhung der Anlaßzeit bei Anlaßtemperaturen über ca.
400°C eine geringfügige Verminderung der Schneidhaltigkeit
(Abb. 15, Nr. 1), während bei niedrigkohlenstoffhaltigen Chromstählen erst bei Anlaßtemperaturen über ca. 500°C die Schneidhaltigkeit durch eine erhöhte Anlaßzeit herabgesetzt wird
(Abb. 15, Nr. 5).

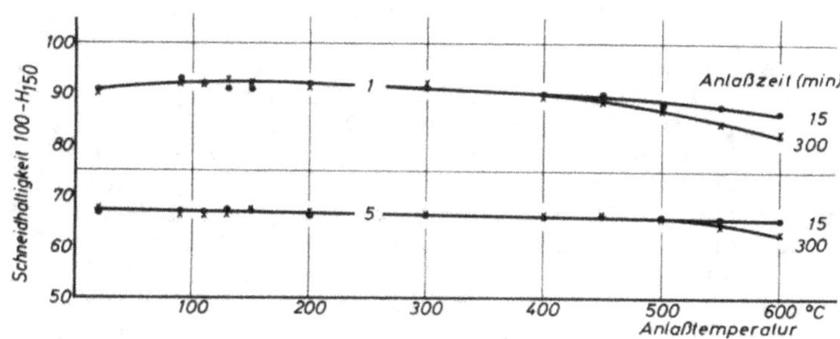

Abb. 15 Einfluß der Anlaßzeit auf die Schneidhaltigkeit-
Anlaßtemperaturkurve bei einem Chromstahl mit o,56 % C
(Nr. 1) und bei einem Chromstahl mit o,2o % C (Nr. 5)
(Stahlzusammensetzung entsprechend Tab. 1).
Härten: 1045 °C, Erwärmungs- plus Haltezeit 18 min,
abschrecken in Oel

4.2 Korrosionsbeständigkeit

Von einem für Messerklingen zu verwendenden Chromstahl wird
neben einer ausreichenden Härte, einer guten Schneidhaltigkeit
und einer hohen Biegeelastizitätsgrenze (7) auch eine ausreichende Korrosionsbeständigkeit erwartet.

Die Korrosionsbeständigkeit des Chromstahls X 40 Cr 13 wurde
bereits desöfteren untersucht (1,3). Hier soll daher in erster
Linie nur der Einfluß des Chrom- bzw. Kohlenstoffgehalts auf
die Korrosionsbeständigkeit des Chromstahls überprüft werden.

Die Prüfung der Korrosionsbeständigkeit erfolgte mit Hilfe des
Potentialdifferenz-Meßverfahrens, das am Forschungsinstitut für
Schneidwaren entwickelt wurde (8). Bei diesem Verfahren werden
die zu untersuchende Chromstahlprobe und eine Kohlenstoffstahl-
Vergleichselektrode in einen Prüfelektrolyten, der eine Lösung
aus destilliertem Wasser, Salzsäure und Salpetersäure darstellt,
eingetaucht. Aufgrund elektrochemischer Vorgänge entsteht an
den eingetauchten Flächen beider Metalle ein Spannungsgefälle
(Potential). Mit einem zwischen die beiden Elektroden geschal-
teten Millivoltmeter wird die Potentialdifferenz zwischen der
Chromstahlprobe und der Kohlenstoffstahl-Vergleichselektrode gemessen. Je höher das Potential an der eingetauchten Chromstahlprobe ist, um so korrosionsbeständiger ist dieser Chromstahl gegenüber dem aggressiven Prüfelektrolyten. Da die Passivschicht
des Chromstahls vor allem von den Halogenionen und dabei besonders von den Chlorionen, die in einer bestimmten festgelegten
Konzentration in dem Prüfelektrolyten vorhanden sind, durchbro-
chen wird, treten hauptsächlich Korrosionserscheinungen durch
örtliche Beseitigung der Passivierung auf. Die beschriebene
Korrosionsprüfung stellt damit in erster Linie eine Prüfung des
Widerstandes in Bezug auf sein Vermögen zur Passivierung des
Chromstahls dar.

Da immer die gleiche Kohlenstoffstahl-Vergleichselektrode verwendet und die Zusammensetzung des Prüfelektrolyten beibehal-
ten wird, müssen Änderungen der Potentialdifferenz auf Poten-
tialänderungen an der Oberfläche der Chromstahlprobe beruhen.
Ein hohes, positives Potential gegenüber der Vergleichselektrode ist daher gleichbedeutend mit einer guten Korrosionsbeständigkeit der Chromstahlprobe, während kleinere Potentialdiffe-
renzen eine ungenügende Passivierungsfähigkeit andeuten. Bei
den hier zugrunde liegenden Korrosionsbeständigkeitprüfungen
wurden die Versuchsproben nach einem Feinstschleifen mit niedriger Zustellung vorsichtig von Hand nachgeschliffen, da sich
bei früheren Versuchen ergeben hatte, daß die Wärmeeinwirkung
bei der Oberflächenbearbeitung die Korrosionsbeständigkeit er-
heblich vermindern kann. Da aber nicht der Einfluß der Oberflächenbearbeitung auf die Korrosionsbeständigkeit, der ausführlich in einem z. Z. durchgeführten Forschungsvorhaben
("Auswirkungen des Schleifens bei der Feinstbearbeitung von
rostbeständigem Stahl; Ermittlung der Schleifleistung und des
Härteverlaufes in den oberflächennahen Schichten und ihre Aus-
wirkung auf das Korrosionsverhalten des Stahles X 48 CrMoV 15")
behandelt wird, im Rahmen der hier zu besprechenden Untersuchungen von Interesse ist, mußte die vom Maschinenschliff herrühren-
de wärmebeeinflußte Werkstoffschicht von Hand abgeschliffen werden. Auf diese Weise konnte die Korrosionsbeständigkeit der
Chromstähle nach verschiedenen Wärmebehandlungen ohne den Einfluß einer Korrosionsbeständigkeitsminderung durch die Oberflächenbearbeitung geprüft werden.

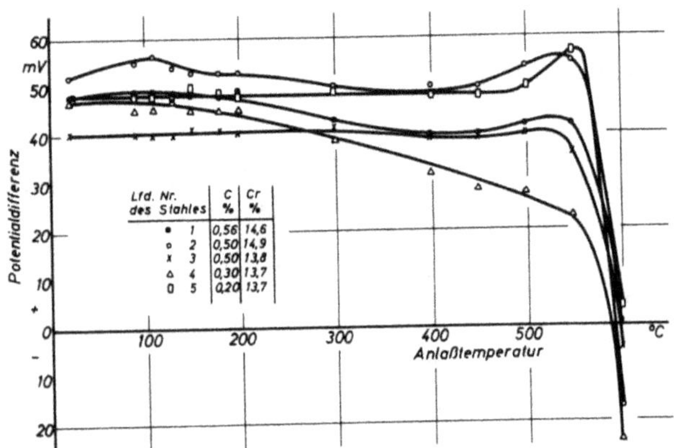

Abb. 16   Korrosionsbeständigkeit verschiedener Chromstähle
           in Abhändigkeit von der Anlaßtemperatur
           Härten: 1045°C, Erwärmungs- plus Haltezeit 18 min,
                      abschrecken in Oel
           Anlaßzeit: 15 min

In der Abb. 16 ist die Potentialdifferenz zwischen Chromstahl
und der Kohlenstoffstahl-Vergleichselektrode nach einer Ein-
tauchzeit von 5 min in den Prüfelektrolyten in Abhändigkeit
von der Anlaßtemperatur aufgetragen. Daraus ergibt sich, daß
sich die Korrosionsbeständigkeit der Chromstähle im Anlaßtem-
peraturbereich von 20°C bis etwa 550°C nur wenig ändert und
daß sie erst bei Anlaßtemperaturen über 550°C steil abfällt.
Alle Proben waren dabei vorher von 1045°C unter Zugrundele-
gung einer Erwärmungs- plus Haltezeit von 18 min gehärtet worden. Das Abschrecken der Proben beim Härten erfolgte in Oel.

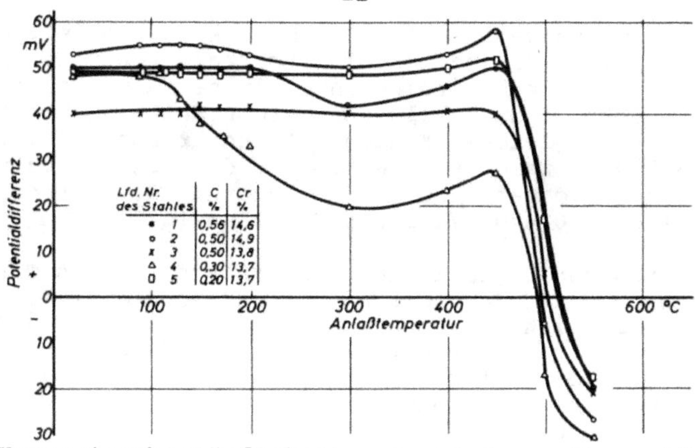

Abb. 17 Korrosionsbeständigkeit verschiedener Chromstähle in
Abhängigkeit von der Anlaßtemperatur
Härten: 1045°C, Erwärmungs- plus Haltezeit 18 min,
abschrecken in Oel, Anlaßzeit: 300 min

Bei einer Erhöhung der Anlaßzeit von 15 min auf 300 min verändert sich die Höhe der Potentialdifferenz und damit die Korrosionsbeständigkeit der Chromstähle praktisch nicht, jedoch verschiebt sich der bei hoher Anlaßtemperatur auftretende Beginn des Steilabfalls der Korrosionsbeständigkeit von Anlaßtemperaturen um 550°C auf Anlaßtemperaturen von ca. 450°C (Abb. 17). Die Ursache für den jeweils auftretenden Steilabfall der Korrosionsbeständigkeit ist durch die bei höheren Temperaturen sich bildenden chromreichen Karbide und die dadurch entstehende Verarmung der Grundmasse an Chrom bedingt. Bei der erhöhten Anlaßzeit von 300 min reicht schon die Anlaßtemperatur von ca. 500°C aus, um so viele chromreiche Karbide zu bilden, daß die Korrosionsbeständigkeit steil abfällt (Abb. 17). Dagegen führen bei der kürzeren Anlaßzeit von 15 min erst die höheren Anlaßtemperaturen um 600°C zur vermehrten Bildung der Chromkarbide und damit zum Steilabfall der Korrosionsbeständigkeit (Abb. 16). Weiterhin ist aus den Abb. 16 und 17 der Einfluß des Chrom- und Kohlenstoffgehalts auf die Korrosionsbeständigkeit zu entnehmen. Dabei muß vorab gesagt werden, daß die Potentialdifferenz-Anlaßtemperaturkurven des Chromstahls mit 0,30 % C (Abb. 16 und 17, Nr. 4) gegenüber den anderen Kurven einen stark abweichenden Verlauf aufweisen - die Korrosionsbeständigkeit dieses Stahls fällt schon bei niedrigen Anlaßtemperaturen stark ab.

Der vorzeitige Abfall der Korrosionsbeständigkeit dürfte darauf beruhen, daß das für die Versuche zur Verfügung stehende Walzmaterial bereits im Anlieferungszustand grobe Karbide aufwies, die auch durch die bei allen Stählen in gleicher Weise durchgeführte Härtung nicht beseitigt wurden. Diese Chromkarbide dürften sich in Verbindung mit der dadurch bedingten starken örtlichen Verarmung der Grundmasse an Chrom ungünstig auf die Korrosionsbeständigkeit auswirken.

Aus den Abb. 16 und 17 ist zu entnehmen, daß, abgesehen von dem Chromstahl mit 0,30 % C, die Korrosionsbeständigkeit bei gleichem Chromgehalt mit abnehmendem Kohlenstoffgehalt zunimmt (Stahl-Nr.3 und 5). Die Ursache für die Erhöhung der Korrosionsbeständigkeit mit abnehmendem Kohlenstoffgehalt ist darin zu sehen, daß die Stärke der Karbidbildung von dem Kohlenstoffgehalt des Chromstahls abhängt. Je weniger Kohlenstoff in der Grundmasse

vorhanden ist, um so weniger Chromkarbide können entstehen. Das
bedeutet aber, daß bei niedrigkohlenstoffhaltigen Stählen mit
gleichem Chromgehalt mehr freies Chrom in der Grundmasse gelöst
ist als bei hochkohlenstoffhaltigen Chromstählen. Geht man beim
Chromstahl von dem gleichen Kohlenstoffgehalt aus und vermindert
den Chromgehalt, so zeigt sich analog zu den obigen Ausführungen
bei abnehmendem Chromgehalt eine Verringerung der Korrosionsbeständigkeit (Abb. 16 und 17, Stahl-Nr. 2 und 3).

Aus den aufgeführten Ergebnissen über den Einfluß des Chrom-
und Kohlenstoffgehaltes auf die Korrosionsbeständigkeit von
Chromstahl ergibt sich zusammenfassend, daß die Erhöhung des
Chromgehalts die Korrosionsbeständigkeit verbessert und daß bei
der Erhöhung des Kohlenstoffgehalts auch der Chromgehalt ange-
hoben werden muß, um nicht eine Verschlechterung der Korrosionsbeständigkeit hinnehmen zu müssen.

5. Vergleichende Betrachtung über die Zusammenhänge zwischen
    Härte, Schneidhaltigkeit und Korrosionsbeständigkeit

Für die Beurteilung der Gebrauchseigenschaften der rostbeständigen Chromstähle interessieren vor allem die Härte, die Schneidhaltigkeit, die Korrosionsbeständigkeit und die Biegeelastizitätsgrenze. Die nachfolgenden Erörterungen sollen sich mit den
Abhängigkeiten zwischen diesen Größen befassen, wobei die im
Rahmen früherer Untersuchungen gewonnenen Ergebnisse über die
Biegeelastizitätsgrenze mit herangezogen werden. Letztlich soll
eine Aussage darüber gefunden werden, bei welcher Wärmebehandlung optimale Werte der vier Gebrauchseigenschaften erreicht
werden.

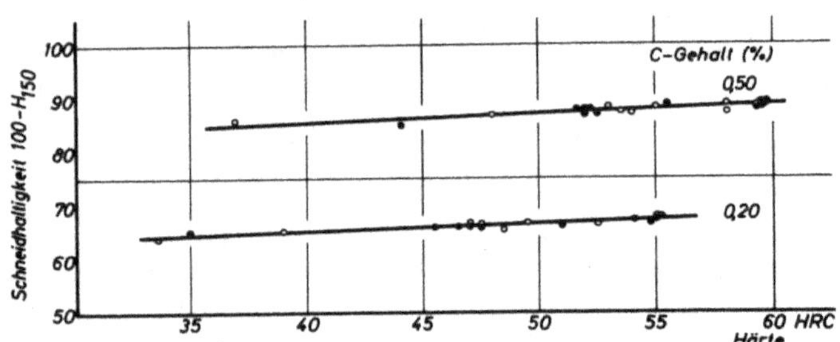

Abb. 18   Schneidhaltigkeit in Abhängigkeit von der Härte bei
          Chromstählen mit einem Kohlenstoffgehalt von 0,20 % C
          und 0,50 % C (Stahlzusammensetzung entsprechend Tab. 1,
          Nr. 5 und Nr. 3)
          Härten: 1045°C, Erwärmungs- plus Haltezeit 18 min,
                    abschrecken in Oel
          Anlassen: 20°C bis 600°C; ● = 15 min, o = 300 min

Aus den Kurven der Schneidhaltigkeit in Abhängigkeit von der
Härte der Abb. 18 ergibt sich, daß bei dem niedrigkohlenstoffhaltigen und bei dem hochkohlenstoffhaltigen Chromstahl die
Schneidhaltigkeit in dem Bereich der Härte von 35 HRC bis
60 HRC linear mit der Härte ansteigt. Außerdem ist aus den
Schneidhaltigkeits-Härtekurven der Abb. 18 zu ersehen, daß
durch eine Erhöhung des Kohlenstoffgehalts von 0,20 % C auf
0,50 % C ein wesentlich größerer Anstieg der Schneidhaltigkeit

eintritt als durch eine Härtesteigerung von ca. 35 HRC auf
60 HRC. Eine Verbesserung der Schneidhaltigkeit wird demzu-
folge eher durch eine Erhöhung des Kohlenstoffgehalts als
durch eine Steigerung der Härte hervorgerufen.

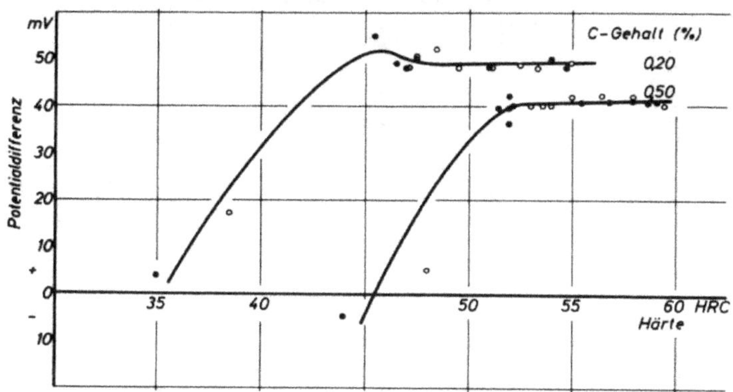

Abb. 19 Korrosionsbeständigkeit in Abhängigkeit von der Härte
bei Chromstählen mit einem Kohlenstoffgehalt von
0,20 % C und 0,50 % C (Stahlzusammensetzung entsprechen Tab. 1, Nr. 5 und Nr. 3)
Härten: 1045°C, Erwärmungs- plus Haltezeit 18 min,
abschrecken in Oel
Anlassen: 20°C bis 600°C; ● = 15 min, o = 300 min

In der Abb. 19 sind die Kurven der Abhängigkeit der Potentialdifferenz von der Härte nach dem Anlassen bei einem Chromstahl
mit 0,20 % C und einem Chromstahl mit 0,50 % C aufgetragen.
Beide Chromstähle zeigen zunächst mit ansteigender Härte eine
Erhöhung der Korrosionsbeständigkeit bis nach dem Erreichen
einer bestimmten Härte bei weiterer Härtesteigerung die Korrosionsbeständigkeit den erreichbaren Maximalwert beibehält. Der
Chromstahl mit 0,20 % C erreicht schon bei der Härte von ca.
45 HRC den bei diesem Stahl möglichen Höchstwert der Korrosionsbeständigkeit, während bei dem Chromstahl mit 0,50 % C der
Höchstwert der Korrosionsbeständigkeit, der hier etwas niedriger liegt, erst bei der Härte von ca. 52 HRC erreicht wird. Das
bedeutet, daß bei abnehmendem Kohlenstoffgehalt nicht nur die
Korrosionsbeständigkeit zunimmt, sondern der mögliche Höchstwert der Korrosionsbeständigkeit bereits bei niedrigeren Härtewerten auftritt.

Bei den in den Abb. 18 und 19 wiedergegebenen Werten wurden die
Versuchsergebnisse aus allen Anlaßbehandlungen berücksichtigt.
Die Versuchsproben wurden alle bei einer Temperatur von 1045°C
und einer Erwärmungs- plus Haltezeit von 18 min gehärtet. Als
Abschreckmittel wurde Oel verwendet. Es ergibt sich, daß bei
der genannten Härtung nur die nach dem Anlassen erzielte Härte,
und zwar unabhängig davon, bei welcher Anlaßbehandlung sie ent-
standen ist, die Korrosionsbeständigkeit und die Schneidhaltigkeit des Chromstahls bestimmt.

Wird bei der Verwendung des Chromstahls in erster Linie eine
hohe Korrosionsbeständigkeit verlangt und ist die Schneidhaltigkeit von nicht so ausschlaggebender Bedeutung, so ist

aufgrund der gefundenen Versuchsergebnisse ein Chromstahl mit
niedrigem Kohlenstoffgehalt und hohem Chromgehalt zweckmäßig.
Steht dagegen die Forderung nach einer möglichst hohen Schneidhaltigkeit im Vordergrund, so muß mit einer geringen Verschlechterung der Korrosionsbeständigkeit gerechnet werden, wenn nicht
neben dem Kohlenstoffgehalt auch der Chromgehalt erhöht wird.

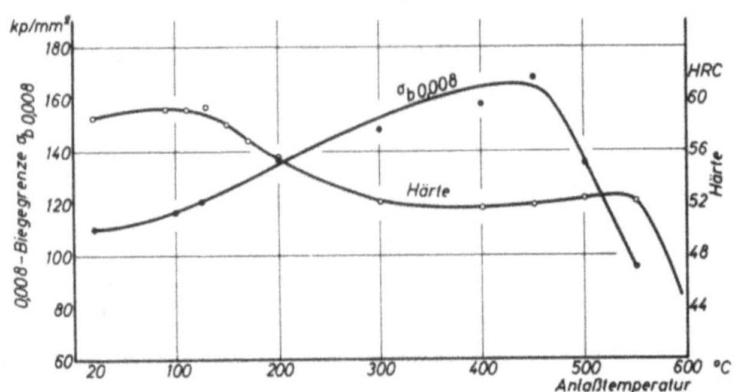

Abb. 20   0,008-Biegegrenze (Biegeelastizitätsgrenze) und
          Härte in Abhängigkeit von der Anlaßtemperatur bei
          einem Chromstahl mit 0,50 % C
          Härten: 1045°C, Erwärmungs- plus Haltezeit 18 min,
                    abschrecken in Oel
          Anlaßzeit: 15 min

Sind sowohl für die Schneidhaltigkeit als auch für die Korrosionsbeständigkeit hohe Werte erforderlich, so könnte dies
z. B. durch einen Chromstahl mit ca. 0,50 % C erreicht werden,
wenn dieser Chromstahl auf eine Härte von mindestens 52 HRC
gebracht wird, um die optimale Korrosionsbeständigkeit dieses
Stahls zu erreichen. Dieser Chromstahl mit 0,50 % C würde außerdem bei der Härte von ca. 52 HRC, sofern diese Härte mit Hilfe
einer Anlaßtemperatur von 450°C bei einer Anlaßzeit von 15 min
erreicht wurde, aufgrund früherer Untersuchungen (7) eine optimale Biegeelastizitätsgrenze aufweisen (Abb. 20).

Zusammenfassend kann man für diesen Chromstahl mit ca. 0,50 % C
sagen, daß dann optimale Werte der Schneidhaltigkeit, der Korrosionsbeständigkeit und der Biegeelastizitätsgrenze erreicht werden, wenn der Stahl nach der Wärmebehandlung eine Härte von ca.
52 HRC erreicht hat. Dabei ist zu beücksichtigen, daß die Wärmebehandlung zur Erreichung dieser Härte von ca. 52 HRC bei einer
Härtetemperatur von ca. 1050°C (Erwärmungs- plus Haltezeit ca.
18 min, abschrecken in Oel) und einer Anlaßtemperatur von ca.
450°C (Anlaßzeit ca. 15 min) erfolgen muß.

6.   Wechseltauchversuche

Während der Durchführung der vorliegenden Arbeit hat sich in
der Praxis in der Beanspruchung der Messerstähle eine gewisse
Verschiebung dadurch ergeben, daß einerseits in vermehrtem Ma-
ße auch bei den Haushaltungen Spülmaschinen Eingang gefunden
haben und daß andererseits eine zum Teil erhebliche Erhöhung
des Gebrauchswassers an Chloriden eingetreten ist. Dadurch hat
sich die Zahl der Beanstandungen von Tafelmessern wegen ungenü-
gender Korrosionsbeständigkeit von der reinen Abtragungskorrosion

sowie den häufig festgestellten Verfärbungen zu der Lochfraß-
korrosion hin verschoben. Es schien daher angebracht, auch
den Einfluß des Kohlenstoff- und Chromgehalts bei den verschiedenen härtbaren Chromstählen auf das Verhalten gegen Lochfraß
zu untersuchen. Das gilt besonders auch für die Stähle, die
durch Erhöhung des C-Gehaltes ohne entsprechende Heraufsetzung
des Cr-Gehalts ein für die Korrosion ungünstiges Cr-C-Verhält-
nis aufweisen. Aufgrund internationaler Absprachen wurden vom
Forschungsinstitut für Schneidwaren und Bestecke Vorschläge
zur Prüfung von Lochfraß entwickelt, die z. Z. in verschiedenen Ländern analog zu den im Forschungsinstitut in Solingen
durchgeführten Versuchen vorgenommen werden. In diese Versuche wurden von uns auch die Stähle einbezogen, die in dem vorliegenden Forschungsvorhaben überprüft wurden. Hinzugenommen
wurden noch zwei Stähle mit unterschiedlichen Analysen, und
zwar ein normaler Chromstahl und ein Chrom-Molybdän-Vanadium-
Stahl (Tab. 3). Es erschien angebracht, die Ergebnisse aus
diesen Untersuchungen mit in die vorliegende Arbeit aufzuneh-
men.

Aufgrund der Ergebnisse einer Reihe Vorversuche, die als Salz-
sprüh-, Stand- und Wechseltauchversuche durchgeführt wurden,
hat sich als für die Praxis wirtschaftlich durchführbares Verfahren, das noch eine gute Differenzierung der Korrosionser-
gebnisse ermöglicht, das Wechseltauchverfahren herausgestellt.
Als korrodierende Flüssigkeit wurde eine 1 %ige Natriumchlo-
rid-Lösung angewandt, und zwar bei unterschiedlichen Temperaturen und Zeiten. Um den Einfluß der Warmbehandlung zu berücksichtigen, wurden die Versuche bei unterschiedlich angelasse-
nen Proben durchgeführt, und zwar bei 200°C, 550°C und 750°C.
Die Wahl der Anlaßtemperatur wurde ebenfalls in einer internationalen Absprache festgelegt. Man ging davon aus, daß die
niedrige Anlaßtemperatur von ca. 200° aufgrund von Spannungsab-
tragung und fehlenden Ausscheidungen ein Maximum des Korrosi-
onswiderstandes darstellt, während die Temperatur von 550°C
im Wiederanstieg der Korrosionsbeständigkeit, aber bereits im
Scheitelpunkt zum Abfall liegt und bei der Temperatur von
750°C schon weitgehend Ausscheidungen von Sekundärkarbiden,
aber auch weitgehender Spannungsabbau vorliegt.

Charge	C %	Cr %	Si %	Mn %	Mo %	Ni %	V %	Cr/C	VDEh-Bezeichn.
1	0,56	14,6	0,38	0,41	-	-	-	26	X 40 Cr 13
2	0,50	14,9	0,28	0,38	0,08	Spur	20,10	30	X 40 Cr 13
3	0,50	13,8	0,45	0,47	-	-	-	27,5	X 40 Cr 13
4	0,30	13,7	0,34	0,35	Spur	Spur	20,10	49	X 30 Cr 14
5	0,30	13,7	0,45	0,61	-	-	-	65	X 20 Cr 13
6	0,45	13,5	0,43	0,46	Spur	-	Spur	30	X 40 Cr 13
7	0,54	14,7	0,41	0,57	0,47	-	0,19	-	X 48 CrMoV 15

Tab. 2   Zusammensetzung der bei den Wechseltauchversuchen eingesetzten Chromstähle

Die Wechseltauchversuche wurden in der 1%igen Natriumchlorid-
Lösung bei drei verschiedenen Prüftemperaturen, und zwar bei
20, 30 und 50°C durchgeführt. Die schematische Darstellung der
Prüfeinrichtung ist in der Abbildung 21 wiedergegeben.

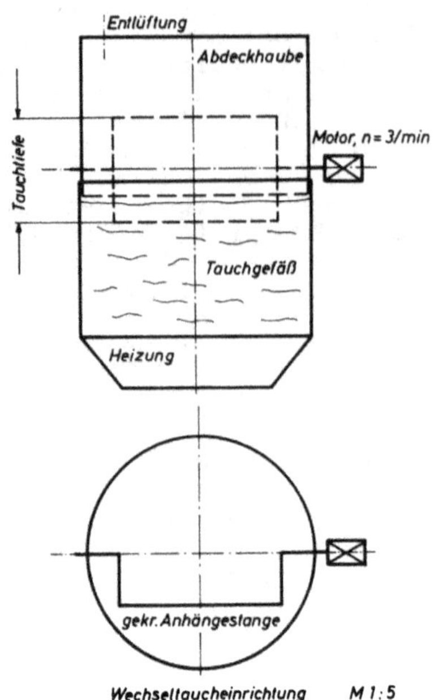

Abb. 21   Schematische Darstellung der Wechseltauch-Prüfein-
          richtung

Aus der Abbildung ist zu erkennen, daß die Prüfstücke an einer
rotierenden, gekröpften Stange aufgehängt waren und bei jeder
Umdrehung in die Prüflösung eingetaucht wurden. Bei einer
Tauchfrequenz von 3 min^{-1} ergab sich pro Umdrehung eine reine
Tauchzeit von ca. 25 sek. Um die Einwirkung unterschiedlichen
Sauerstoffgehalts in der Lösung zu eleminieren, wurde laufend
Luft eingeblasen. Nachmessungen ergaben, daß während der gan-
zen Versuchsabläufe die Lösung praktisch sauerstoffgesättigt
war. Weil durch Verdampfen ein Feuchtigkeitsverlust und somit
eine Konzentrationsänderung entstehen würde, wurde über die
Taucheinrichtung eine passende Haube gesetzt, an der das nie-
dergeschlagene kondensierte Wasser in den Behälter zurücklief.

Geprüft wurden die gleichen Proben, die auch für die bisheri-
gen Untersuchungen, deren Ergebnisse im Bericht aufgeführt
sind, benutzt wurden. Hinzugenommen wurden zum Vergleich noch
zwei weitere Chargen, und zwar ein Cr-Stahl mit 0,45 % C und
13,5 % Cr sowie ein CrMoV-Stahl mit 0,45 C und 14,7 % Cr. Alle
Proben sind noch einmal in der Tabelle 2 aufgeführt. In dieser
Tabelle ist neben der Analyse auch das Cr/C-Verhältnis mit an-
gegeben. Die Versuchsproben wurden von 1045°C in Oel gehärtet
nach einer Erwärmungs- und Haltezeit von 18 min. Die Proben
wurden gruppenweise verschieden hoch angelassen, und zwar bei
200°C, 550°C und 750°C je 60 min lang.

Da sich in den Vorversuchen gezeigt hatte, daß eine Klassefi-
zierung der Proben durch Auszählen der Korrosions- und Loch-
fraßstellen sehr schwierig ist, wurde als Vergleichsgröße die
Gewichtsabnahme festgelegt. Alle Proben wurden vor und nach
den Prüfungen gewogen. Der Gewichtsverlust ist mit den Daten
der Tauchtemperatur und der Tauchzeit in der Abbildung 22 aufgetragen.

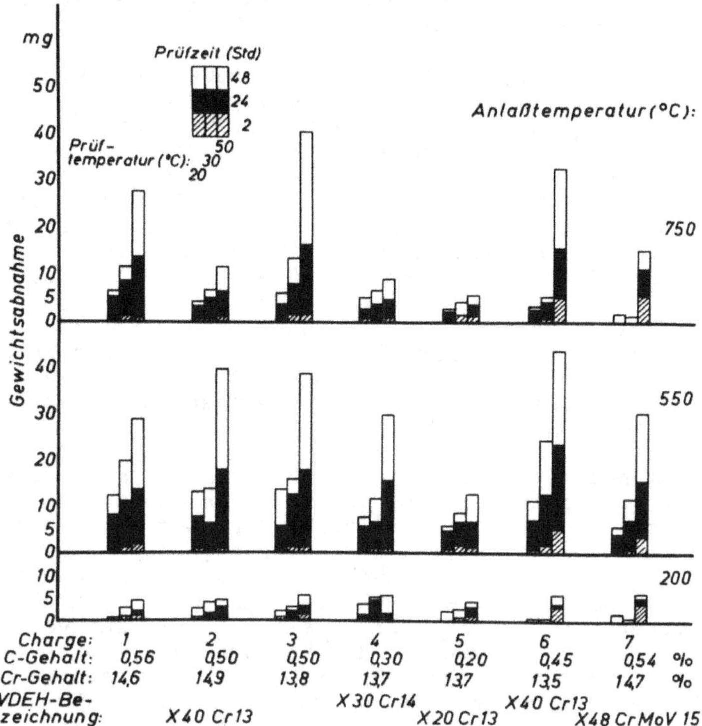

Abb. 22 Gewichtänderung an Cr-Stählen bei unterschiedlichen
Wechseltauchversuchen

Aus der Abbildung 22 ergibt sich für die Proben mit einer Anlaßbehandlung von 200°C das folgende Ergebnis. Bei niedriger
Prüftemperatur und bei kurzer Prüfzeit zeigen alle Chargen
einer Anlaßbehandlung bis 200°C noch ein recht gutes Verhalten.
Auch bei steigender Prüftemperatur ist ein nennenswerter Unter-
schied noch nicht gegeben. Die aus der Abbildung hervorgehenden
Abweichungen liegen zum Teil noch im Bereich der Streuungen,
die sich bei der geringen Zahl der Versuche, die hier durchgeführt werden konnten, ergaben.

Eine Erhöhung des Korrosionsangriffs zeigte sich bei allen
Chargen nach einer Anlaßbehandlung bei 550°C. Dabei weisen im
allgemeinen die Stähle mit dem hohen C-Gehalt eine ziemlich
gleichhohe und gleichmäßige Korrosionsabtragung auf. Dies be-
stätigen auch die früheren Untersuchungen in diesem Forschungsvorhaben. Auch der hinzugewählte Stahl mit 0,45 % C zeigt ein
ähnliches Verhalten. Günstiger erweisen sich hier die Stähle
mit dem niedrigeren C-Gehalt, und zwar die Chargen 4 und 5 sowie der CrMoV-Stahl 7. Das eindeutig bessere Verhalten der
Charge 5 hängt im wesentlichen von dem guten Cr/C-Verhältnis ab.

Die Temperaturabhängigkeit tritt hier bei allen Chargen stärker in Erscheinung. Sie weisen bei der höheren Prüftemperatur
einen deutlich sichtbaren größeren Korrosionsangriff auf. Ein
Zeiteinfluß ist dahingehend festzustellen, als sich bei den
kurzen Prüfzeiten das unterschiedliche Verhalten nicht so
stark herausstellt wie bei den längeren Prüfzeiten. Dies trifft
vor allem bei einer Prüfzeit von 48 Stunden deutlich in Erscheinung. Bei den längeren Prüfzeiten ergeben sich geringere
Streuungen, während bei einer kürzeren Prüfzeit die Oberflächen-
passivierung von Einfluß ist.

Bei den Stählen, die mit 750°C angelassen waren, hat sich das
Verhältnis etwas geändert. Hier ergab sich bei den Chargen 1
und 3 in etwa der gleiche Korrosionsangriff wie bei der Anlaßbehandlung von 550°C. Alle anderen Stähle zeigen hier bei einer
Anlaßbehandlung von 750°C einen geringeren Korrosionsangriff.
Dabei ist allerdings die Verringerung bei der Charge 6 verhält-
nismäßig klein. Am günstigsten ist auch hier wieder das Verhalten der Charge 6. Auch bei den Chargen 2, 4 und 7 ist ein starker Rückgang der Korrosionsabtragung gegenüber der Anlaßbehandlung von 550°C zu erkennen. Dabei scheint bei den Chargen 2 und
4 das günstigere Cr/C-Verhältnis gegenüber den Chargen 1, 3 und
6 eine Rolle zu spielen, während sich bei Charge 7 der Mo-Ge-
halt als günstig erweist. Der Einfluß der Prüfzeit und Prüftemperatur ist hier ähnlich wie bei den Versuchen an den Proben
mit Anlaßtemperaturen von 550°C.

Die Versuche können naturgemäß aufgrund der nicht sehr großen
Versuchszahlen nur eine Tendenz des Verhaltens aufzeigen. Da
außer Kohlenstoff und Chrom auch noch andere Legierungselemente
mit von Einfluß sein können, kann hier eine genauere Aussage
nur durch eine Großzahl von Versuchen erfolgen. Von Bedeutung
ist aber die Tatsache, daß ein Anlassen bei 200°C zweifellos
sehr viel bessere Ergebnisse liefert als ein Anlassen von
550°C und 750°C. Zwar werden bei der hohen Anlaßtemperatur
von 750°C im allgemeinen etwas günstigere Korrosionsverhält-
nisse als bei einer Anlaßtemperatur von 550°C erreicht. Dabei
muß aber berücksichtigt werden, daß ein Anlassen bei 750°C zum
vollständigen Abfall der Härte führt und daß eine solche Anlaßtemperatur für schneidende Teile aus rostbeständigem Stahl
nicht infrage kommen kann.

Die geringe Korrosionsbeständigkeit bei einer Anlaßbehandlung
von 550°C ergibt sich daraus, daß das Gebiet der zweiten Här-
teerhöhung durch diese Temperatur schon überschritten wurde,
wodurch dann mit einem stärkeren Abfall der Korrosionsbeständigkeit gerechnet werden muß. Sollte der genaue Verlauf des
Korrosionsverhaltens und der Lochfraßbeständigkeit mit der Anlaßtemperatur festgestellt werden, dann müßten längere Untersuchungen bei verschiedenen Anlaßbehandlungen, auf jeden Fall
zwischen 200°C und 500°C durchgeführt werden. Besonders der
Temperaturbereich vor Überschreiten des zweiten Härtemaximums
beim Anlassen, das heißt der Bereich von 450°C bis 500°C,
müßte mit erfaßt werden. Aufgrund von Besprechungen zur Fest-
legung einer internationalen Normung der Korrosionsprüfung
sind jedoch vorerst nur Versuche mit Anlaßtemperaturen von
200°C, 550°C und 750°C vorgesehen.

7. Zusammenfassung

Obwohl der Chrom-Molybdänstahl aufgrund seiner besseren Korrosionsbeständigkeit bei verschärften korrosiven Einflüssen immer mehr - vor allem als. Stahl für Messerklingen - zur Anwendung kommt, wird der reine Chromstahl weiterhin ein breites Anwendungsgebiet behalten, da seine Korrosionsbeständigkeit für viele Verwendungszwecke ausreicht.

Die vorliegende Forschungsarbeit sollte daher Aufschluß über die Eigenschaften rostbeständiger Chromstähle in Abhängigkeit von den heute angewandten Zusammensetzungen geben.

Die beim Chromstahl erreichbare Härte wurde sowohl in Abhängigkeit von der Wärmebehandlung als auch in Abhängigkeit vom Kohlenstoff- und Chromgehalt untersucht. Dabei wurde unterschieden zwischen der Härte, die sich nach dem Härten bei verschiedenen Härtetemperaturen und Härtezeiten ergab und der Härte, die nach einer zusätzlichen Anlaßbehandlung gemessen wurde.

Weiterhin wurden der Einfluß der Wärmebehandlung und der Einfluß der Kohlenstoff- und Chromgehalte auf die Schneidhaltigkeit und die Korrosionsbeständigkeit der Chromstähle behandelt, wobei die Verfahren zur Prüfung der Schneidhaltigkeit und der Korrosionsbeständigkeit kurz erläutert wurden.

In einer vergleichenden Betrachtung wurden abschließend die Zuhammenhänge zwischen der Härte, der Schneidhaltigkeit und der Korrosionsbeständigkeit bei diesen Chromstählen ermittelt. Dabei wurden auch die bei früheren Untersuchungen gewonnenen Erkenntnisse über die Biegeelastizitätsgrenze mit einbezogen. Es konnten Angaben darüber gemacht werden, bei welchen Chromstählen und mit welcher Wärmebehandlung optimale Werte der Schneidhaltigkeit, der Korrosionsbeständigkeit und der Biegeelastizitätsgrenze zu erreichen sind. Eine Übersicht ist in der beigefügten Tabelle 3 gegeben.

In der Tabelle sind die untersuchten Chromstähle (siehe Tab. 1 des Berichtes) dem als Messerstahl verwendeten Chromstahl X 40 Xr 13 (Werkstoff-Nr. 1.4034) in ihren Gebrauchseigenschaften gegenübergestellt, wobei die Werte für den Chromstahl X 40 Cr 13 aus früheren Forschungsarbeiten über diesen Stahl entnommen wurden.

Es ist hier zu erkennen, daß eine Erhöhung des Kohlenstoffgehalts die erreichbare Härte und die Härte nach der Anlaßbehandlung nicht wesentlich beeinflußt. Eine Verminderung des Kohlenstoffgehalts auf 0,30 % bzw. 0,20 % hat dagegen eine Verminderung der Härte zur Folge.

Bei der Schneidhaltigkeit macht sich der - gegenüber dem Chromstahl X 40 Cr 13 normaler Zusammensetzung - erhöhte Kohlenstoffgehalt nur bei den Chargen 1 und 3 günstig bemerkbar, während bei der Charge 2 - beeinflußt durch den auch erhöhten Chromgehalt - keine Verbessung eingetreten ist. Selbst die Charge 4 mit 0,30 % C hat noch die gleiche Schneidhaltigkeit wie der Chromstahl X 40 Cr 13. Bei einem noch geringeren Kohlenstoffgehalt von 0,20 % ist dagegen eine wesentliche Verschlechterung der Schneidhaltigkeit gegeben.

In der Korrosionsbeständigkeit können bei allen untersuchten
Chromstählen die erreichten Werte gegenüber dem Chromstahl
X 40 Cr 13 als ausreichend angesehen werden. Das gilt auch
noch bei der Charge 3, die nur eine Potentialdifferenz von
40 mV zeigt. Bei der durch die Wärmebehandlung geringer werdenden Härte verringert sich auch der Wert der Potentialdifferenz (mV - Wert). Sind die Werte unter 20 mV, so wird die
Korrosionsbeständigkeit so gering, daß sie sich dem Zustand
der Unbeständigkeit nähert. Die Chromstähle mit dem höheren
Kohlenstoffgehalt, und zwar die Chargen 1, 2 und 3 zeigen den
Anfang von Unbeständigkeit schon bei einer Härte von 50 HRC.
Bei geringerem Anteil von Kohlenstoff, 0,20 % C, liegt der
kritische Punkt dagegen erst bei einer Härte von 40 HRC.

Die Einführung von Spülmaschinen hat zum Teil neue Probleme
in Bezug auf die Überprüfung der Korrosionsbeständigkeit auf-
geworfen. Diese Probleme wurden in mehreren Sitzungen des
internationalen Normenausschusses behandelt. Dabei wurden durch
Abmachungen mit den verschiedenen beteiligten Ländern Korrosi-
onsversuche an Cr-Stählen vorgesehen. An diesen Stählen sollte
zunächst der Einfluß verschiedener Anlaßstufen festgestellt
werden. Diese festgelegten Stufen waren Anlaßtemperaturen von
200°C, 550°C und 750°C. Die Ergebnisse aus diesen Versuchen
sind zum Teil in das vorliegende Forschungsvorhaben einbezo-
gen worden. Dabei wurden die im vorliegenden Bericht verwendeten Stähle um zwei Chargen erweitert.

Bei den durchgeführten Wechseltauchversuchen hat sich gezeigt,
daß alle untersuchten Cr-Stähle sowie der zum Vergleich heran-
gezogene CrMoV-Stahl bei kurzzeitigen Versuchen und bei Raumtemperatur (20°C) einen recht guten Korrosionswiderstand ergeben haben. Bei Anwendung höherer Prüftemperaturen und längeren
Zeiten ergibt sich bereits eine Differenzierung, wobei sich der
Stahl mit nur 0,2 % C-Gehalt bei allen Bedingungen am besten
verhält. Die Proben der anderen Chargen zeigen bei einer Anlaßbehandlung von 550°C im allgemeinen einen Korrosionsangriff,
der bei steigender Prüftemperatur und Prüfzeit erhebliche Unterschiede ergibt. Bei einer Anlaßbehandlung von 750°C ist die
Korrosionsanfälligkeit bei Stählen mit günstigerem Cr/C-Verhält-
nis kleiner als bei der Anlaßbehandlung von 550°C.

Beide Anlaßtemperaturen sind jedoch nur als Ergänzung zu werten,
da derartige Temperaturen von 550°C und 750°C für schneidende
Teile aus Chromstahl nicht in Betracht kommen. Bei diesen hohen
Anlaßtemperaturen werden die Härte und damit die Schneidleistung
zu stark gesenkt.

Die Wechseltauchversuche können jedoch nur einen Überblick geben
und eine gewisse Tendenz zeigen, da die Zahl der durchgeführten
Versuche bei den geringen Unterschieden, wie sie hier bei den
Anlaßtemperaturen von 200°C an den Proben gefunden wurden, noch
keine Klassifizierung ermöglichen. Grundsätzlich dürften aber
alle Stähle, sofern sie richtig vergütet sind, eine ausreichende
Korrosionsbeständigkeit bei normal anzuwendenden Temperaturen
und Zeiten, auch in der Spülmaschine, aufweisen.

		Charge 1 o,56 % C 14,6 % Cr	Charge 2 o,5o % C 14,9% Cr	Charge 3 o,5o % C 13,8% Cr	Charge 4 o,3o % C 13,7% Cr	Charge 5 o,2o % C 13,7% Cr	X 40 Cr 13 o,38-o,45% C 12-14 % Cr
maximale Härte nach dem Härten	HRC	60	59	59	58	55	58 - 60
Härte nach dem Anlassen bei 110°C 15 min	HRC	60	59 - 60	59 - 60	59	55	59 - 60
Härte nach dem Anlassen bei 350°C 15 min	HRC	52	52	52	49	47	52
Härte nach dem Anlassen bei 450°C 15 min	HRC	54	52 - 53	52 - 53	50	48	53
Schneidhaltigkeit bei der maximalen Härte	$100-H_{150}$	93	85	90	85	67	84
Korrosionsbeständigkeit (Potentialdifferenz) bei der maximalen Härte	mV	50	55	40	48	57	50 - 55
Abfall der Korrosionsbeständig- keit - Beginn der Unbeständig- keit mit geringer werdenden Härtewerten	HRC	50	50	50	48	40	47

Tabelle 3   Übersicht von erreichbaren Härte-, Anlaß-, Schneidhaltigkeits- und Korrosionsbeständigkeitswerten bei den Chromstählen mit gegenüber dem Chromstahl X 40 Cr 13 (Werkstoff-Nr. 1.4034) erhöhten bzw. verminderten Kohlenstoff- und Chromgehalten
(Härtung von 1045°C, Erwärmungs- und Haltezeit 18 min, abschrecken in Oel)

8. Literaturverzeichnis

(1)   Stüdemann, H., H.-V. Lange und R. Grube: Korrosionsver-
        halten rostbeständiger Stähle unter der Einwirkung von
        Spülmittellösungen. Forschungsbericht des Landes Nord-
        rhein-Westfalen Nr. 2057

(2)   Stüdemann, H. und F. Esselborn: Untersuchungen über den
        Einfluß der Zusammensetzung und Gefügeausbildung auf
        das Härtungsverhalten des Stahles X 40 Cr 13. Forschungs-
        bericht des Landes Nordrhein-Westfalen Nr. 1089

(3)   Stüdemann, H., H. Brundiek und R. Grube: Untersuchungen
        über den Einfluß der Zusammensetzung und Gefügeausbil-
        dung auf das Anlaßverhalten des Stahles X 40 Cr 13.
        Forschungsbericht des Landes Nordrhein-Westfalen Nr.1579

(4)   Stüdemann, H. und F. Esselborn: Untersuchungen über den
        Einfluß der Wärmebehandlung in Zusammenhang mit unter-
        schiedlicher Herstellung auf die Eigenschaften von rost-
        beständigen Messern. Forschungsbericht des Landes Nord-
        rhein-Westfalen Nr. 1354

(5)   Knapp, W.: Über Schneidfähigkeit und Schneidhaltigkeit
        von Messerklingen, Dr.-Ing. Dissertation, TH Aachen 1928

(6)   Stüdemann, H. und F. Esselborn: Einflüsse der Prüfbe-
        dingungen auf die Ergebnisse von Schneideigenschafts-
        prüfungen an Messern. Forschungsbericht des Landes
        Nordrhein-Westfalen Nr. 1140

(7)   Stüdemann, H., H.-V. Lange und R. Grube: Einfluß der
        Wärmebehandlung auf das Biegeverhalten des Stahls
        X 40 Cr 13. Forschungsbericht des Landes Nordrhein-West-
        falen Nr. 2117

(8)   Stüdemann, H. und R. Beu: Verfahren zur Prüfung der
        Korrosionsbeständigkeit von Messerklingen aus rostfrei-
        em Stahl. Forschungsbericht des Landes Nordrhein-West-
        falen Nr. 224

Forschungsberichte des Landes Nordrhein-Westfalen

Herausgegeben im Auftrage des Ministerpräsidenten Heinz Kühn
vom Minister für Wissenschaft und Forschung Johannes Rau

Sachgruppenverzeichnis